献给孩子们的一份
无比珍贵的知识大礼包

神奇 的 力 量

李建峰◎编绘

应急管理出版社
·北京·

从前，在一个遥远的国度里，有一位国王。他有一个愿望——成为世界上最有力气的人！

有一天，淘气精灵出现了。她飞到国王的身旁，笑着说："国王，我来帮您实现愿望怎么样？"

国王激动地说："太好了！"

　　淘气精灵围着国王飞了一圈，兴奋地说："这个世界上，有许多奇奇怪怪的力量。比如，重力、弹力、摩擦力、浮力、磁力……这样吧，我把世界上的重力统统送给您。"

　　国王一听，高兴地连连点头。

淘气精灵挥了挥魔法棒，世界上的重力全都进入了国王的身体里。

看！拥有全部重力的国王，在摔跤比赛中轻松地压制住了对手。

"哈哈哈……"国王大笑。

可是，当国王走出皇宫却发现，没有重力的世界乱了套。

水不再往低处流，而是飘浮在空中；成熟的苹果不会掉下来，而是飞向了远方；人们不能待在地面上，而是在天上四处飘荡……

国王着急地对淘气精灵说："大家没有重力可不行！快帮我把重力退回去，换成弹力吧！"

淘气精灵点了点头，挥了挥魔法棒，让世界上的弹力全都进入了国王的身体里。

看！拥有全部弹力的国王，可以轻松地蹦起来。

可是，当国王走出皇宫却发现，没有弹力的世界乱了套。

　　人们的裤带都松了，大家的裤子纷纷往下掉；橡皮筋没有了弹性，留长发的人只能披头散发；孩子们的弹力球，再也弹不起来……

国王着急地对淘气精灵说："大家没有弹力可不行！快帮我把弹力退回去，换成摩擦力吧！"

淘气精灵点了点头，挥了挥魔法棒，让世界上的摩擦力全都进入了国王的身体里。

看！拥有全部摩擦力的国王，可以在冰面上跳舞。

可是，当国王走出皇宫却发现，没有摩擦力的世界乱了套。

马路上，行人们接连摔倒，走不了路；餐厅里，食客们拿不了筷子和勺子；旅馆里，睡觉的旅客再也起不了床……

国王着急地对淘气精灵说："大家没有摩擦力可不行！快帮我把摩擦力退回去，换成浮力吧！"

淘气精灵点了点头，挥了挥魔法棒，让世界上的浮力全都进入了国王的身体里。

看！拥有全部浮力的国王，可以轻松地浮在水面上。

可是，当国王走出皇宫却发现，没有浮力的世界乱了套。

在河里游泳的人们，纷纷沉到了水里；海上的船只无法航行，接连沉入海底；点燃的热气球，再也无法升上天空……

国王着急地对淘气精灵说："大家没有浮力可不行！快帮我把浮力退回去，换成磁力吧！"

淘气精灵点了点头，挥了挥魔法棒，让世界上的磁力全都进入了国王的身体里。

不一会儿，国王的身上就吸附了一大堆的金属！

国王被金属压得喘不过气来，大声呼救道："救命啊！快把磁力退回去，我不要做最有力气的人了！"

淘气精灵点了点头，挥了挥魔法棒。终于，世界回到了原来的模样。

图书在版编目（CIP）数据

神奇的物理．神奇的力量/李建峰编绘．－－北京：应急管理出版社，2024

ISBN 978－7－5020－9865－0

Ⅰ.①神… Ⅱ.①李… Ⅲ.①力学—儿童读物 Ⅳ.①O4－49

中国国家版本馆 CIP 数据核字（2023）第 183610 号

神奇的物理 神奇的力量

编　绘　李建峰
责任编辑　孙　婷
封面设计　太阳雨工作室

出版发行　应急管理出版社（北京市朝阳区芍药居 35 号　100029）
电　话　010－84657898（总编室）　010－84657880（读者服务部）
网　址　www.cciph.com.cn
印　刷　德富泰（唐山）印务有限公司
经　销　全国新华书店

开　本　889mm×1194mm$^1/_{16}$　印张　10　字数　100 千字
版　次　2024 年 1 月第 1 版　2024 年 1 月第 1 次印刷
社内编号　20210965　　　　定价　198.00 元（共五册）